新疆生态文明画丛

野生天鹅天堂

YESHENGTIANETIANTANG

张新泰 著

新疆美术摄影出版社
新疆电子音像出版社

目 录

序言 1/

人类在地球上生存，主要依赖于两个环境，一个是自然界中的土地、空气、水、温度等这些无机环境，一个是有机环境——生命物质系统，也就是地球上的生物多样性……

序　言

人类在地球上生存，主要依赖于两个环境，一个是自然界中的土地、空气、水、温度等这些无机环境，一个是有机环境——生命物质系统，也就是地球上的生物多样性。

人类要想在地球上持久生存下去，就必须保护每一个生命物种。自然界是丰富多彩的，同时也给世界带来无限生机。现代工业文明在给人类带来福音的同时，也暴露出它固有的内在缺憾，突出表现为对生态环境和资源的压力趋势有增无减，社会的可持续发展面临极大威胁。

威胁并不可怕，趋势也不等于命运。关键是要抓住问题的根本，确定新的方向，采取积极而有效的措施和行动。

我国具有爱护大自然、爱护动植物的优良传统。不管是佛教"不杀生"的戒律，儒家"仁民爱物"的主张，还是道家"顺应自然"的思想等，都鲜明地体现了这一点。党和国家非常重视生态环境保护。在党的"十七大"报告中，胡锦涛总书记把生态文明建设作为实现全面建设小康社会奋斗目标的新要求之一，提出到2020年全面实现"小康"时，使我国成为生态环境良好的国家。这对我国转变发展方式，建设和谐社会，走可持续发展的生态文明之路，具有重要而深远的指导意义。

新疆生态文明建设是全国生态文明建设的重要组成部分，促进新疆生态文明建设是历史赋予我们每个新疆人的义不容辞的责任和神圣的使命。

新疆地域辽阔，地形地貌独特，既有低于海平面的吐鲁番盆地，又有"世界屋脊"之称的帕米尔高原；既有举世罕见的"三山夹两盆"（即阿尔泰山、天山、昆仑山，其间夹有准噶尔盆地、塔里木盆地），又有浩瀚的沙漠戈壁和众多的河流湖泊以及绿洲、草原。这些独特的地形地貌、多样性的气候为丰富的物种，如动植物、微生物等提供了良好的生态环境。这是大自然赐给新疆的无价之宝。它们的存在和繁衍，是生态平衡、人与自然和谐的象征。我们要像捍卫自己的生命一样去保护它们，爱护它们。

生态文明建设涉及的内容非常广泛，是一个极其庞大的系统。我们此次编写出版的《新疆生态文明画丛》只是整个生态文明建设系统中的一个小点，其内容也只涉及了新疆的生态环境和部分野生动植物。我们虽然在科学、生态、文化等方面也进行了不少探索，但研究仍然是初步的。我们之所以这样做，其意就是通过抛砖引玉，以唤醒更多人的生态文明意识，引起更多人关注生态文明，使更多的人加入到保护地球、保护大自然、保护生物多样性的行列中来。同时，也期望广大专家学者及各界同仁贡献智慧，使生态文明各领域的研究更为深入、更加全面，为建立资源节约型和环境友好型社会，实现人类社会与自然的和谐相处，促进经济、社会和文化的可持续发展做出积极的贡献。

　　本套画丛，从科学、文化、生态等方面对新疆的生态地理环境、野生动植物进行了阐述介绍，照片精致，文字优美，是一套图文并茂，集科学性、知识性、文学性、故事性、欣赏性于一体的优秀读物，并具有工具性和收藏价值。

　　本画丛在出版过程中得到了著名专家、学者及亲友们的关爱和帮助，同时，我们还有幸邀请到他们出任本画丛的编委，他们是：袁国映、李学亮、马鸣、尹林克、于文胜、王峥、毛建新、杨孟来、程春、冯刚、陈新文、广怡、石海章、黄振新、张玉新、张筠、张永娟、王鹏、于新宝、赵颖、孟伟、张天羽啸等，对此深表敬意和感谢。在这里，我们要特别感谢著名学者袁国映教授担任本画丛的学术指导，并审阅全书；感谢中国摄影家协会副主席，著名摄影家李学亮先生对本画丛所给予的摄影指导和全力支持。

　　虽有专家、学者指导，但由于时间、学识所限，书中不足之处仍在所难免，欢迎读者批评指正。

张新泰

2009年9月

第一章
天鹅天堂

天鹅，是洁白、美丽的化身，是吉祥神美的象征。轻轻游弋于清水碧波之中，扇动双翅，发出如金号般的叫声。如螺旋桨般飞向天空，如神灵飞降人间。清秀秀的娇容，水灵灵的慧眼，黄嫩嫩的鹅冠，白绒绒的翅羽，婀娜丰润的玉身，真乃『美哉美极天下美神』也。

天鹅天堂

　　全世界有天鹅约7种。其中我国有3种，即：大天鹅、短嘴天鹅、疣鼻天鹅。在新疆都有分布。它们都属于雁形目鸭科。通体洁白。古代称天鹅为鹄。天鹅的特性基本一致，只是在嘴形和体形上有不同特点。如大天鹅嘴为黄色，嘴端部为黑色，体形大；短嘴天鹅，嘴形及体形都略小于大天鹅；疣鼻天鹅嘴为橘红色，鼻子呈疣状突起，体形较小。这三种天鹅在新疆各大水域均有分布活动。

　　大天鹅，身长约150厘米。体羽为纯白色。颈修长，腿黄色。栖息于水生植物丰茂的大型沼泽和湖泊地带，以水生植物的种子、茎、叶和杂草种子为食，也兼食软体动物、水生昆虫等。每年春季成对的大天鹅一起筑巢繁殖，繁殖期为每年5月~6月，每窝产卵4枚~6枚。卵呈象牙白色，孵化期为35天~40天，幼鹅一出生就会游泳觅食。喜群居生活，如在觅食或休息时，有"哨兵"值班放哨，发现异常情况，发出鸣叫。起飞时，要助跑，往往逆风起飞，形成一线队形。飞翔时，往往排成整齐的"V"字形。

　　古诗文中的天鹅　骆宾王诗曰："鹅，鹅，鹅，曲项向天歌。白毛浮绿水，红掌拨清波。"诗中刻画了白鹅浮于绿水碧波之上，引吭高歌，优雅潇洒的神态。陆游："闲泛晴波唼绿萍，却冲微雨停烟汀。会稽内史如相遇，换取黄庭一卷经。"诗中赞美了白鹅的高贵，如果大书法家王羲之见之，一定会用亲手书写的《黄庭经》来换取白鹅的。刘邦："鸿鹄高飞，一举千里。羽翼已就，横绝四海。"此诗对天鹅高飞千里搏击长空的景况进行了描述。把鸿鹄之志比喻为远大的志向。《吕氏春秋·士容》："夫骥骜之气，鸿鹄之志，有谕乎人心者，诚也。"司马迁《史记·陈涉世家》："陈涉少时，尝与人佣耕，辍耕之垄上，怅恨久之，曰：'苟富贵，无相忘。'佣者笑而应曰：'若为佣耕，何富贵也？'陈涉太息曰：'嗟乎，燕雀安知鸿鹄之志哉！'"以鹄来形容人们仪态端庄、姿容秀美　无名氏《四贤记·会母》："看他眉儿秀，额儿峣，鹄峙鸾停一俊髦。"把天鹅比喻为忠贞爱情的象征。天鹅夫妻相敬相爱，一旦失去一方，便终生不再嫁娶，或者闷郁而死。无名氏："黄鹄参天飞，半道郁徘徊，腹中车轮转，君知思忆谁。"失去伴侣的天鹅在天空中孤单地飞旋徘徊，凄恻悲鸣。思念之情，哀婉深挚，感人肺腑。

　　天鹅是美丽的化身，吉祥的象征。它洁白如玉，姿态高雅；嘴黄如金，极富美感；眼如珍珠，亮丽生辉；脚蹼如漆，优美有力；走势摇摆，富有节律。游弋时，情韵无限；起飞时，如天仙入云；降落时，似仙女下凡；鸣之声，嘹亮如鼓如号，催人奋进。不管是在山水之中，还是在蓝天之上，由于天鹅的出现总会使山水增色，蓝天增彩，从而构成一幅幅神奇壮美的画卷。

天鹅对爱情忠贞不渝，是一夫一妻制的典范。无论是花前月下，还是风中雨里，一旦相爱，形影不离，终身相守，生死不分。

美丽的大天
鹅，在湖水中尽
情享受着爱的欢
乐。天鹅互爱是
罕见的，其中任
何一方都不会做
出"暗找情人"
的越轨行为。

天鹅的巢宽大而舒适。雌天鹅产下卵后，全天候地在巢里孵卵，用自己的情感、体温，甚至生命；雄天鹅紧候其旁，帮其捕食，警戒放哨，忠实履行丈夫的职责。

一身绒毛的小天鹅，破壳诞生后，不用教就随父母下水游泳了。瞧！这对天鹅父母将脖子伸入水中，采食水草，小天鹅在一旁尽情玩耍。

这是疣鼻天鹅。小天鹅个头虽然很小，但它们很坚强。瞧！它们一边在水中采食，一边挺身练翅。天鹅父母像屏障一样保护着它们。

小天鹅在天鹅父母的呵护下长大了。一身绒毛换成了灰白的羽毛，个头也快赶上了父母。瞧！它们一边迎着风浪采食，一边振翅练习起飞，飞姿是如此完美漂亮。

天鹅父母和孩子们欢聚在一起，它们迎风展翅，戏浪击水，尽享天伦之乐，非常自由欢快。

小天鹅是幸运的，因父母的关爱，它们的孵化成活率高达100%，这是单亲家族所不能想象的。

　　秋季到了，天鹅要进行天经地义的迁徙运动。迁徙前，天鹅往往要养精蓄锐，通过大量采草猎食，蓄积回程的能量，强壮肌肉体格。它们靠太阳、星星来识别方向、掌握时间；靠太阳的高度来调节体内的生物钟；根据时辰和季节来校正飞行的轨迹。即使在云雾中，也会凭借对紫外线的高度敏感而确定太阳所处的位置，判定飞行方位，朝着既定的目标方向迁徙，而且常常能够顺利飞越事先并不知情的险恶地域。

鸟类有着很复杂的身体结构。鸟类是一种飞行动物，全身的构造都是为了适应飞行而设计的。鸟类的身体非常结实，肌肉异常发达，腿足由于起降而练就得非常健而富有弹性，翼羽坚硬发达用于飞行，喙坚硬灵巧，能进行多种多样的觅食活动，而尾羽则在飞行时起着平衡的作用。

　　天鹅迁徙时会遇到许多困难和艰险，并为此付出巨大代价。它们飞过大漠戈壁时必须升高并加快飞行速度，以避免过高气温和沙尘暴的袭击；飞越雪山时，要预防寒流和雪崩的打击。还要和雷电、狂风暴雨、险雾等恶劣自然环境以及天敌、饥饿作斗争。即便是这样，甚至是牺牲自己的生命，它们也仍然不会改变迁徙活动。可以说，天鹅之迁徙是"生命抗争之旅"、"伟大壮烈之行"。

　　天鹅迁徙时，不能像猛禽类那样，借助空气的推动，张开宽大的翅膀不费多大力气滑翔飞行，而是靠鼓翼飞行，即靠一下一下鼓动双翼飞行的方式完成迁徙任务。它们累了，会降落在安全水域休息捕食。饿了，会飞落山脉，饮泉吃雪，寻食植物果实。为了按时逾越恶劣地段和天然屏障，它们还常常在夜间飞行。前行路上困难重重，甚至留下了不计其数的迁徙鸟的尸体。但是为了遵循亘古不变的迁徙法则，它们没有半点畏惧和丝毫怨言。

天鹅凭借它灵敏的感觉和有力的翅膀，像箭一样穿云破雾，既惊险，又美妙壮观，更给人留下了诸多的思考和启迪。

漩涡暗礁，摧毁不了天鹅的坚强意志；恶风险浪，阻挡不住天鹅的勇敢飞行。尽显英雄气概和斗士风范。

冰冻三尺厚，鹅飞一丈高。冰面上巨大的"人"字形，仿佛暗示着天鹅拥有人一般的智慧和创造力。

天鹅飞越千山万水，翱翔苍穹蓝天，排成巨大的"V"形，有秩序地飞行。这种队形可以使 →
它们相互借用邻鸟拍翼形成的上升涡流节省力气，这种整体运动也在一定程度上防止了掉队的
发生。

初春，由北方飞往南方的天鹅又从南方飞回到北方，翩然落到蓝色的湖面上。优美的舞姿，欢闹的场面，给人留下了深刻的印象。

天鹅神情激昂地扇翅舞蹈，兴高采烈地长笑放歌，以欢庆迁徙的胜利和新生活的开始。

倘伴花海
袅袅，更显高
与名贵。大多
天鹅和雁类对
侣都很忠贞，
果其中一只
去，另外一只
表现出跟人一
的行为：悲哀
鸣叫，不进食
甚至抉起羽
等……当寻找
新伴侣时，它
会举行"狂欢
式"，又唱又跳
会再次炫耀它
求偶的成功。
天鹅在自由王
里，永远保持
高雅气质和纯
的天性。

漫步草丛乐
悠，灵气情趣
相投。天鹅是
由、平等、友
的化身。它们
仅自己和谐相
，表现出民
、团结的品
，对异族也以
相待，和平共
。当其他鸟类
空中迷失方向
，天鹅会以自
雪白的翅膀和
号般的声音，
它们指引方
；当弱小鸟类
到危险时，天
会用翅膀拍击
面，提醒它们
范。

漫步草间婀娜多姿，醉卧花丛妩媚恬静。

淡淡的绿，深深的蓝，白白的天鹅，轻轻划过水面。

天鹅搅动一池春水，高贵而倩丽的身影，斑斑驳驳，出神入化。

草原如茵，河湖似练。山蕴紫气，地托芬芳。天鹅及众鸟就是这蓬莱田园的自由主人。

天鹅在蓝色的湖面上极有秩序规律地踏浪而飞，为宁静的山水带来了勃勃生机。

江暖不断鸭报讯，水活长流鹅嬉闹。（疣鼻天鹅）

橘嘴咬白羽，赤掌划清波。众鹅闹绿水，八音荡山河。（疣鼻天鹅）

野鸭混迹于天鹅之中，以寻求庇护，天鹅也非常友好地关爱野鸭。如遇险情时，野鸭会率先起飞预报天鹅，天鹅则主动压阵，最后起飞离去。

浮光掠影，水花漫溅，天鹅如仙，飘然而起。

水中的天鹅若隐若现，空中的天鹅英姿焕发。

蓝色的湖面
流光溢彩，神美
天鹅，光彩照人
好似天上仙境，
派瑞气春色。

天鹅因湖水而
加纯洁美丽，湖
缘天鹅而更加湛
无媚。真可谓鹅
青深，浑然天成。

天鹅畅饮甘甜之水，高兴地跳起舞来。

天鹅美餐水中嫩草，兴奋地扇动翅膀。

众天鹅和挤在其中的绿头鸭，在静静聆听歌唱家的美妙歌唱。

天鹅起飞前总是要排好队，迎着风，加助跑，方能起飞升空。

冬天的天鹅，为保持能量，一般不起飞。若要起飞，则毫不犹豫，会像箭一样射出，身后甩下一串水花。

天鹅与迎面扑来的水花共舞。水花从天鹅身上滚过，不仅打不湿羽毛，反而会将羽毛上的脏污洗去。

天鹅等飞鸟，羽毛轻柔、结实，在飞行时能形成光滑、圆畅的升力面，加之强健的身体、发达的器官、独特的呼吸系统，这些都有效地保证了它们的飞行要求。

一只天鹅急迫地挡着大家说："前面危险，千万不能过去。"

一只不知深浅的天鹅非要过去，结果被有经验的天鹅追赶了回来。

天鹅在不同环境下的起飞，姿势各异，丰富多彩，充满浪漫情调。

天女散花似梦中，白羽翻飞入云霄。

背向起飞依然优美潇洒。前景是不可缺少的点缀和呼应。

迎面起飞更精彩。并排起飞，踏浪而行。动作整齐而有韵律，气势雄健更磅礴。

随着生态不断改善和气的不断转暖，居北方过冬的鹅，主要为老病残天鹅，并渐多了起来。凡有活水涌动水源地或水生物较为鲜活丰的各大水域都见到天鹅的影，比如，巴布鲁克天鹅湖赛里木湖、石子北湖及乌鲁齐乌拉泊水等。据专家绍，近年天鹅冬成活率比以有很大提高，主要依赖于生的改善和人类亲近。

天鹅非常遵□生存法则，绝□相互争夺领域□地盘。活动在□大水域活水处□天鹅数量相对□定，一般不会□现天鹅超多现□。比如，据多年□察，每年在乌□泊水库过冬的□鹅均在32只左□。如果出现超□现象就会产生□存空间挤压，□胁生命。因此□鹅的分布活动□极有秩序的。□季天鹅不仅给□鸟族、摄影人□来惊喜，也丰□了诸多城乡居□的精神生活。

天鹅降落时，为减轻强大的冲力，总要助跑一段。这是天鹅在雪地上留下的两行深深的足印（左图）和翅膀扇动及胸脯刮出的槽痕（右图）。

雪中行走的天鹅安详而优雅。

起飞时也不慌不忙，依次进行。

优雅而富有节奏的探戈。

黑色巨掌卷起千堆雪。

冰上芭蕾

天鹅降落
会对水面进行
察。当确认安
时便会在空中
斜盘旋，减缓
度，然后选择
面开阔处或便
滑行的地方
落。正常情
下，天鹅会选
顺光或逆风
降，以保证眼
不受直射光刺
以及减弱天鹅
动中的极大惯
和冲击力。天
控制速度伸腿
羽的瞬间扣人
弦，美轮美奂
精彩至极。

天鹅降落时，以天仙飘逸而下。当离水面七八米高时，会将黑色的双脚撑开伸向前方，双脚入水就如同跳水运动员一样几乎没有水花，当腹部着水朝前滑行时会激起阵阵涟漪。若此时是逆风会溅起层层水花。瞧，这对普通秋沙鸭见天鹅即将降落，便友好地让出地方游向别处。真乃"君子风范"也。

天鹅在水面栖息或活动时，总会有一两只天鹅盘颈曲首佯装睡眠。其实这是天鹅警戒放哨的一种方式，它的眼睛像雷达扫描一样一刻也没有停歇，耳朵和其他器官也没有闲着，对任何可疑现象都不放过。如有险情便会用起身、鸣叫等方式告知同类。

天鹅在冰上闭目养神，摄取着太阳的能量。养精蓄锐后，伸伸懒腰，缓步踱向水中洗澡取食。天鹅往往在嬉闹或采到食物后，会欢快愉悦地扇动翅膀，其频率非常快。之后，将双翅收拢在羽尾之上，其动作非常的优雅神美。

水中天鹅奋力进取，岸上天鹅助阵加油。

天鹅玩足吃饱后，又依次回到冰岸上。展翅抖掉身上的水珠，卧在冰上，继续闭目养神，惬意地享受生活的另一乐趣。

雪花冰花都是诗，鸟飞鸟舞皆为画。

不用排练天鹅也会在空中组成立体形状飞行。

两翅扇到身后是为了充分显示强健的体魄和无穷的力量。 →

你在前，劈风斩浪开新路；我在后，保驾护航卫安全。

蓝水天鹅，歌声不断。自然胜景，天下奇观。

天鹅仰天放歌之音，碧水潺潺涌动之声，越过雪面的朔风之吟，组成了天籁般的交响乐章。画面上有数不完的节奏和玄妙、道不清的意蕴和神韵。

金苇草轻轻摇曳，碧水流淌，春风微微吹拂，天鹅飘起。如醉如痴，如梦如幻。

水上翩跹起飞，飞出多少理
辉煌；冰上芭蕾舞蹈，舞出
艺术精魂和生活旋律。

天鹅在经历了漫长冬季的风风雨雨之后，兴高采烈地飞向春的怀抱。

茫茫雪海，滚滚雾霭，相不得相见，少若干干扰，多几分清静。鹅在这里自尽情地玩耍食。也正是这个时候，鹅们才进入真的原始状态，为天晴时会遇许多麻烦。

微风轻吹，雾中可见天鹅半露半掩的芳姿。若此时起飞，妙不可言。鹅在雾中，雾绕其间，扑朔迷离，给人一种"嫦娥奔月祥云里，仙女悦浴瑶池中"的感觉。

远山近水，苍郁浑厚。雾中天鹅，轻灵脱俗，娉婷玉立，千态百姿，高雅无比。

灵气洋溢，境界高深。

水上生白雾，天鹅雾中游。

淡雾绕天鹅，欢鹅竞风流。

随着生态玥
的不断改善和人
对野生动物保护
识的不断增强，
鼻天鹅在新疆的
量不断增多，大
伊犁河谷和赛里
湖最为明显。每
来此过冬的疣鼻
鹅数量近百只。
为当地的一大生
奇观。

前来一睹天
风采，抓拍天掐
彩瞬间的游客络
不绝。

疣鼻天鹅，因脸颊的黑色且鼻突起，与黄嘴、头有机结合富有化韵律感，而显更为高贵美丽。

疣鼻天鹅在飞时由于翅膀的有奏扇动，会发出常响亮富有旋律同哨音般的强大声；在水中游弋取食植物时，喜戏玩闹，你追我，动作极为精，场面极为壮，姿态极为经典美。

天鹅毛羽
柔、结实，组
了飞行时的光滑
圆畅的升力面。
鹅能远距离飞行
是因为有发达
器官和独特的
吸系统及高超
飞行本领。

天鹅飞行时，要靠太阳、星识别方向、掌时间。根据时和季节来校正行的轨迹。即遇到大雪、浓和狂风等天，天鹅也不会离方向，而是着既定的目标敢地迁徙。

天鹅身上有羽毛三万余根，保持着鸟类羽毛最多的纪录。虽然羽毛多，但不沾水湿身，不像有些水鸟身上湿漉漉的，等晒干后，才可起飞。这是因为，天鹅身上有防水油腺，可直接从水中助跑起飞。在起跑过程中沾在羽毛上的水珠，都会被抖掉甩尽，没有丝毫负担。

　　天鹅等鸟类的飞行给人多少激动、启发和希望。当看到天鹅从水面展翅起飞，看到天鹅从你眼前呼啸而过，看到天鹅在蓝天遨游，你会情不自禁地希望自己也有一双美丽而坚硬的翅膀，翱翔于无垠长空。正是由于"飞"的伟大以及"飞"所蕴涵的无限想象力和巨大魅力，从而成就了人类飞的愿望，飞机、火箭、宇宙飞船相继诞生，使人类历史进入了飞行时代。

第二章
水国女皇

池塘边苇草摇曳，野鸭远望，相映成辉，寓意深远。尤其是远望之鸭，把观者的目光带向阔远的空间，于柔婉祥和中又增添苍茫之气，使人回肠荡气，心胸为之开阔。野鸭当中，当属黄鸭的羽毛最为鲜丽华美。黄色的羽毛，在光线下格外美丽。如在水中或岸边群飞群落，那真是金黄一片，在碧水的映衬下，格外绚丽多彩。

金鸭春暖

　　这里所说的金鸭是指野鸭。野鸭家庭是一个大家庭，由二十多个成员组成。它们大多具有嘴扁平的特点，嘴缘有成排的栉板，用以滤食小型水生生物。腿短而有发达的足蹼，在游泳时，双脚直伸到尾后划动，犹如船桨。在陆地行走时，摇摇摆摆显得很笨拙。但在水中起飞时，不用助跑，如同直升飞机一般，可直接腾空飞起，动作非常优美。根据生态习性的不同它们可以分为河鸭族、潜鸭族、海鸭族、麻鸭族和硬尾鸭族等。它们与人类的关系十分密切，家鸭就由它们中的绿头鸭驯化而来。

　　在古诗词中的野鸭。齐己："野鸭殊家鸭，离群忽远飞。长生缘甚瘦，近死为伤肥。江海游空阔，池塘啄细微。红兰白萍渚，春暖刷毛衣。"吴融："双凫犽得傍池台，戏藻衔蒲远又回。敢为稻粱凌险去，幸无鹰隼触波来。万丝春雨眠时乱，一片浓萍浴处开。不在笼栏夜仍好，月汀星沼剩裴回。"以上两首诗，不仅对野鸭的外貌、生活规律进行了形象描述，而且对其生存环境，作者对野鸭的情感都进行了刻画，一幅鲜活的，充满生机的画面跃然纸上。南宋的一幅画《双凫图》更是对野鸭极尽颂扬。池塘边苇影摇曳，野鸭远望，相映成辉，寓意深远。尤其是远望之鸭，把观者的目光带向阔远的空间，于柔婉祥和中又增添苍茫之气，使人回肠荡气，心胸为之开阔。

　　当然也有借鸭表达"似梨花带雨，如金鸭断魂"离愁别绪心怀的。如钱起："金鸭香消欲断魂，梨花春雨掩重门。欲知别后相思意，回看罗衣积泪痕。"

　　野鸭当中，当属黄鸭的羽毛最为鲜丽华美。黄色的羽毛，在光线下格外美丽。如成双成对的黄鸭飞行在一群野生鸭或麻鸭当中，会显得格外引人瞩目，有"鹤立鸡群"之感。如在水中或岸边群飞群落，那真是金黄一片，在碧水的映衬下，格外绚丽多彩。其羽毛可作羽饰和羽绒服之用，有很高的经济价值。

　　绿头鸭，雁形目鸭科。体长约60厘米，雄鸭的头和颈为深绿色，颈部有一明显的白色项环，脚为橙黄色。雌鸟形较小，褐色斑驳。遍布新疆各大水域，常出没于植被茂盛的湖泊、河流、池塘等水域。寻食时常把喙伸入水中，靠喙中的梳状薄片把水中的种子、树叶、昆虫滤出，然后吞食；有时，会将整个身体倒立扎入水中；有时还会潜入水底，在淤泥和水草中寻食。飞行时，会显出蓝白色的翼斑和两片向上卷的尾羽。

野鸭的窝一般搭建在离水较近的草丛之中，窝圆厚实，为了防潮保暖，野鸭还会拔下自身的羽毛垫在窝内。野鸭离窝时，会用碎草覆盖在卵上，以免被盗食者发现。如果卵被盗走，野鸭会继续在窝内产卵，直到孵出雏鸭为止。小雏鸭出壳后就跟随父母下水了。

野鸭有时也会把巢建在离水域不远的树洞之中。离巢时会用木屑盖住卵，回巢后将木屑拨开孵卵。雏鸭出壳后，野鸭会用嘴将其一一叼起送到地面，有时也会引领雏鸭顺树溜爬下来，表现得很勇敢，也很有智慧。

小雏鸭在鸭妈妈的带领和呵护下，茁壮成长。瞧！它们不仅能独立活动，而且还可以展翅离开水面了。

野鸭轻轻划过色彩斑斓的水面，如同一首歌。

野鸭从水中垂直起飞，留下美丽的涟漪和晶莹的水花。绿色和褐色倒映在水中，可谓水光潋滟。

阳光下，绿头鸭在冰蓝的水中垂直起飞，色彩绚丽，灿烂一片。

绿头鸭在空中形成一个漂亮的椭圆形，使作品更具有了冲击力和画面感。这是它们度过和战胜寒冬的一种自信和态度。

历经风雨，告别寒冬。

拥抱春天，飞向辉煌。

赤嘴潜水鸭，羽毛艳丽，体态多姿。此为水上飘飞的动作，与周围环境融为一体，极有审美价值。

蓝蓝一片，红红一点，一串水花拉成线，构成了一幅绝美的画卷。

　　雁形目鸭科。全长约60厘米。通体橙栗色。在光线下有时呈赤黄色，有时呈红色。故有"黄鸭"、"红鸭"之俗称。遍布全疆大小水域。赤麻鸭多在树洞或崖洞中营巢，有的洞穴深达三四米，巢区一般远离水域。以植物为主要食物，兼食鱼、蛙、虾、昆虫等。繁殖期每年4月~5月，每窝产卵6枚~10枚，卵色泽淡黄呈椭圆形。

　　黄鸭虽体形不大，但翅膀坚硬，飞行能力和适应能力很强。无论是在海拔5000多米的昆仑山、帕米尔高原，还是在天山、阿尔泰山的高山湖泊；无论是在空气稀薄而寒冷的高山荒漠，还是在炎热干旱的沙漠边缘；无论是在海平面以下的吐鲁番，还是在草原绿洲，都有黄鸭活动的踪影。

　　黄鸭多在峭壁上的岩洞、河岸土穴、草地红柳丛中筑巢，也有在胡杨树、柳树的树洞中建巢的。产卵孵化的任务多由雌鸟承担，雄鸟担任警戒，遇到危险时，会发出警告。雌鸟会隐蔽自己，或伏身低头尽量不暴露自己；或选择离巢，将天敌引开。但离开前，会用草枝碎叶将卵覆盖起来，以免让入侵者把卵盗走或偷食掉。黄鸭是天生的游泳健将，堪称"浪里白条"。雏鸭一旦出壳就会跟随双亲连跑带爬，跌跌撞撞地由树上爬下，或从岩穴土窝中钻出，或从草丛中跳出，向水边跑去。不用双亲教导就会自如地凫水、潜水，并会在水中寻食小鱼、小虾、软体动物及水生植物。在岸边栖息或浅水处寻食时，发现有危险，雏鸭会迅速随双亲游向湖水深处，显得非常机警。戏嬉玩耍时，雏鸭常跳到双亲的身上，就像孩子骑大马似的由父母带着玩耍，非常活泼可爱。在民间，黄鸭还有吉祥鸟之称。如"黄鸭叫呱呱，喜事到咱家。"也有以鸭作为吉祥图案的。如"一甲一名"。旧时科举考试三级为三甲，一甲一名即为状元，"甲"与"鸭"谐音，寓科举之甲，有前程远大，不可限量之意。

赤麻鸭水中沐浴，抖起片片水花和满天银珠。

远山近草雪做台，黄鸭翻飞当空舞。

风劲浪急压不住，一道彩光入云霄。

翘鼻麻鸭，雁形目鸭科。长约60厘米。毛大致为黑、白、栗褐三色杂组成。头和部为黑色，泛色金属光泽背、前胸部为色环带。尾羽色。羽翅两侧腹部等为白色雌鸟羽色较淡嘴上翘。繁殖雄鸟嘴基有大突起的红色皮肉瘤。翘鼻麻的游姿和飞姿均表现出与众同的美。

琵嘴鸭。形目鸭科。体约48厘米。嘴褐色，扁平大，前端扩大匙形。头和颈为绿色，眼呈金黄色。飞时，翼镜呈金绿色。翅羽扇较快，降落时彩云飘落。

琵嘴鸭。胸上背两侧及外肩羽为白色，部为栗色。雌体长小于雄，羽色为斑驳色。在水中活时，常缩脖收。起飞时，昂伸脖，在阳光，色彩鲜丽，为好看。

静水皱波，游态飞姿，构成了动静结合，色彩丰富，意境优美的画面。

　　白眉鸭，体长约40厘米。眼上有白纹直达颈部，翼上覆羽呈鲜明的蓝灰色，翼镜灰绿色，腹前半部棕褐色，腹部白色。喜成群栖息于河畔及沼泽地区，主要在新疆北疆各大水域活动。以植物的种子为食，也兼吃小鱼、小虾等。繁殖期为每年4月~5月，每窝产卵6枚~7枚，最多可达13枚。游在前面的白眉鸭和紧随其后的雄雌琵嘴鸭在一起。

白眼潜鸭。雁形目鸭科。身长41厘米。雄鸟的头、颈、胸等为栗色，颈基有一不明显的黑褐色领环。上体大多为黑褐色，腹部和尾下覆羽为白色。雌鸟头、颈为棕褐色。善潜水，多生活在水生生物丰富和芦苇茂盛的淡水或半咸水的湖沼、池塘和低洼湿地。喜晨昏在浅水中觅取植物茎叶、嫩芽、昆虫、小鱼和蠕虫等。繁殖期为每年4月~6月，每窝产卵7枚~11枚。在新疆南北疆水域均有活动。

凤头鸊鷉

凤头鸊鷉

新疆常见的鸊鷉有：凤头鸊鷉、黑颈鸊鷉、小鸊鷉、角鸊鷉等。属于鸊鷉科。头顶大多有羽冠，脚具瓣蹼，与鸭蹼的形状完全不同。善潜水。以小鱼、甲壳类、水生昆虫、软体动物、水生植物等为食。用苇秆、树条等营巢于水面，属于浮巢。

凤头鸊鷉。头顶有冠羽，头两侧有栗色、似披肩的羽饰，常成对活动于湖泊、水塘之中。发现警情时，会先后潜入水中约一两分钟后再露出水面观察。若感觉平安，就会浮在水面游动或伸出细长像剑一样的喙在水中捕食鱼、昆虫以及其它水生动物；若仍感不安全就会继续潜水，潜至感到安全的地方。新疆各大水域都可见到它们的身影。繁殖期为每年4月~7月，产卵4枚~8枚。幼鸟出窝后，会随双亲在水面游弋捕食，有时幼鸟还会爬上鸊鷉双亲的背上，做长距离游动，非常可爱有趣。

凤头鸊鷉在静静地孵卵。身旁的芦苇是它的第一道屏障。

凤头鸊鷉的巢建在有草的水面上，为浮巢。所产之卵为浅白色。

凤头鸊鷉离巢时，会用草把卵掩盖住，谨防天敌偷食。出壳后的小鸊鷉会爬到大鸊鷉的身上玩耍，大鸊鷉也常驮着小鸊鷉做长距离游行。

　　大鸊鷉捉到鱼后，会一边呼唤一边寻找小鸊鷉饲喂，小鸊鷉也会欢快地向大鸊鷉扑去，伸长脖子向大鸊鷉嘴里要食，动作极为亲切甜蜜，身后留下的一串串富有节奏的水纹以及蓝水中的日光苇影，把母子情深这一永恒主题演绎得淋漓尽致，推向至高至美的境界。

鸬鹚

鹈鹕目鸬鹚科。身长约85厘米。夏季体羽为黑色，翅羽为黑褐色。脸颊与喉部为白色，嘴黄褐色，眼睛浅海蓝色。栖息于新疆各大水域，如池塘、湖泊、水库、湿地等地带。以水中鱼类等为食。喜群居活动，每年4月产卵，一个月破壳出雏。

鸬鹚俗称"鱼鹰"、"水老鸦"、"乌鬼"。它们有着高超的潜水和捕鱼本领。

古诗文中的鸬鹚 陆龟蒙："江客柴门枕浪花，鸣机寒橹任呕哑。轻舟过去真堪画，惊起鸬鹚一阵斜。"鸬鹚喜结群生活。在空中飞行时，如同锥状，前少后多，排得密密匝匝；从空中降落时，一个接一个很有秩序地滑落水中，并发出"扑通""扑通"的声音，非常有气势；起飞时，有助跑，身后拉出长长的水线，纵横交错，如图似画极为精美壮观。随着它们翅膀的不停扇动，整个鸬鹚群由低至高，形成一个斜面，给人以很美的视觉效果。

杜甫："家家养乌鬼，顿顿食黄鱼。"由于鸬鹚有"嘴角曲如钩，食鱼"的特性，古代先民便将其加以驯化用来捕鱼。将鸬鹚驯化并为人捕鱼的历史可追溯到新石器时代。从出土文物中，如仰韶文化墓葬中出土的"鸬鹚叼鱼图"陶缸，商代安阳墓葬中出土的玉鸬鹚和石鸬鹚，均可证明中国自古以来就知利用鸬鹚为人们服务了。现今江南水乡仍有渔民借鸬鹚捕鱼。

古人视鸬鹚为吉祥益鸟。如久旱之地有鸬鹚飞临、聚集，表明上天会普降甘霖神水，它因而受到人们的敬拜。

鸬鹚的捕鱼本领非常高超。当发现鱼群时，鸬鹚会成群结队，通过投影和翅膀的呼扇声、击水声，将鱼群赶到最容易捕猎的浅水处，或水湾处。这时的鸬鹚各显身手，有的飞掠水面将鱼叼起，有的潜入水中，将鱼捕获，场面极为壮观。

当然，鸬鹚也有"大意失荆州"的时候。鸬鹚潜水后，往往要上岸，上岸后，它会伸开双翅张开大嘴，让太阳尽快将身上的湿水晒干，以便再次飞行时减轻负担。常在此时，它们容易受到天敌和不法分子的攻击。对于这些益鸟人类应加强保护。当然，鸬鹚对渔业也是有一定害处的，应适当控制数量。

独立春江，轻点丽水，队列蓝天，意蕴悠长，似丹青国画，美哉，妙哉。

美餐于蓝水清波之中，守望于琼浆玉液之上，陶醉于红花翠叶之间。

鸬鹚的眼睛，时常幻出大海般的蓝。

阳光下，鸬鹚的羽毛，也时常泛出绿宝石般的色泽与红褐色的光晕。

雁类

新疆众多水域生活有鸿雁、斑头雁、白额雁、红嘴雁等雁类。

鸿雁，属于雁形目鸭科。嘴为黑色，体羽浅黑褐，栖息于新疆各河流、湖泊之中，很灵敏机警，常有"哨鸟"观望报警。以食植物、昆虫、鱼虾类为主。是候鸟，迁徙时在空中排队鸣叫，给人许多遐想。常有农户养之，长大放飞，翌年结群而来，专食蝗虫等有害虫类，成为农户灭虫的好帮手。

斑头雁，雁形目鸭科。体长约80厘米。白色头顶上有两道黑褐色斑带，上体灰褐色，下体灰白色。以青草、种子、软体动物和昆虫为食。繁殖期为每年4月～5月，每窝产卵4枚～8枚。雌鸟孵卵，雄鸟警戒。幼鸟出壳后雄雌大鸟便带它们下水觅食。幼鸟依次排成竖行，顺岸边上下游弋。一般都是由雌鸟在前引路，雄鸟在后压阵，幼鸟夹在中间，若遇警情迅速转弯，逃去。

古诗词中及古画中的雁。描写赞美雁的诗篇。元·谢宗可："渡江秋影又南征，折苇衔枚夜不惊。冷聚圆沙盘地轴，晓浮寒水落天衡。风驰截破湘烟阔，云拥斜冲塞月明。洲渚网罗应有伏，横空千里不留行。"此诗对雁及雁阵的万千姿态进行了经典描述，同时也深刻表达了作者的情感和志向。雁群在寒冷秋夜，相互紧紧依偎在沙滩上；在霞光四射的早晨，嬉水欢叫，随波起伏；凌空飞翔时，如风驰电掣一般截破雾烟缭绕的长天；在塞月明朗时，大雁群，借月色横斜着冲破云层，翱翔于九天，朝着既定的目标飞行。托物言志，借雁表达作者的政治追求和宏大理想。宋·刘敞："逢时志万里，非为稻粱谋。眇眇江汉阻，萧萧霜露秋。知机自有素，侧翅莫多愁。风起浮云暮，空看片影流。"此诗借雁的"明知前面多艰险，越不畏惧更向前"的精神，表达了作者不屈挠，奋勇追求的宏大政治理想。借雁表达相思怀旧之情。唐·罗邺："暮天新雁起汀洲，红蓼花开水国愁。想得故国今夜月，几人相忆在江楼。"

清·边寿民《芦雁图》，对雁的刻画表现，惟妙惟肖，生动传神。雁在长有芦苇的冰岸上，或席地而卧，或仰天长歌，动静交融，情趣无限，生机盎然。

斑头雁起飞。 ⟶

从湿地上起飞的鸿雁。背后为大群鸬鹚与海鸥。

湖中排成一队的斑头雁。

鸥类

　　鸥属鸥形目鸥科，在我国有18种之多，其中遗鸥为国家一级保护动物。在新疆各大水域生活有多种鸥。其头大，嘴扁平，前趾有蹼，羽长而尖，善飞行，体羽多灰白色。主要捕食鱼类、昆虫等。海鸥，大型水鸟，属鸥形目鸥科。全长约60厘米。夏季羽毛，头、尾处及下体均为白色。背肩与翅羽为蓝灰色。冬季头后到后颈有灰褐色斑点。黄嘴金脚，有时嘴尖呈黑色。喜群居，多成群活动。分布于新疆各大水域。繁殖期为每年5月~7月，在地面或草丛、芦苇中筑巢，每窝产卵2枚~5枚。

　　古诗文中的鸥鸟 《禽经》："鸥，水鸟。如仓庚而小。随潮而翔，迎浪蔽日。"陆龟蒙："柳汀斜对野人窗，零落衰条傍晓江。正是霜风飘断处，寒鸥惊起一双双。"由于海鸥的飘飞起舞，使得萧条、寂静的原野江岸变得鲜活有趣起来。左偓："寒云淡淡天无际，片帆落处沙鸥起。水阔风高日复斜，扁舟独宿芦花里。"天高云淡，夕阳辉煌。天水相连处，帆落群鸥起。好一幅壮美的"夕阳帆落鸥起图"。

　　新疆的鸥类主要有银鸥、红嘴巨鸥、红嘴鸥、渔鸥、白额燕鸥、黑浮鸥等。

　　鸥，以捕食水中的鱼、虾、海星和陆地上的蝗虫及鼠类等为主。喜集群活动。筑巢也往往选在同一区域，或一片沙滩，或一片草地，或一片芦苇丛中，均是就地取材，用植物搭铺窝巢。一般来讲，鸥在水中或岸边的芦苇丛中筑巢较多，这可能与便于挡风遮雨又能隐蔽防敌有关。有一年初夏我们划船进入一片水中的芦苇荡中，真让人大开眼界。在我们临近芦苇荡时，发现东面水中有一块小土堆似的物体，上面卧有一只鸥。快到跟前时，那鸥鸣叫着展翅飞走了。原来那土堆似的物体是鸥的巢，它建在一堆飘浮的芦苇根上。巢无依无靠，是可以飘浮运动的，但却很结实。巢里有4枚卵。大约一周以后，我们又划船进去，发现那个飘浮的鸥巢又跑到西边去了。是风的原因使鸥的巢来回飘移。今天刮东风，鸥巢就顺风随势飘到西边。明天吹西风，鸥巢又飘回到东边。免费旅游好不惬意。让人最为惊奇的是，鸥不因鸟巢位置的改变而放弃自己的窝和窝中的卵，而且，它会天天忠实履行孵卵的职责，直到雏鸟出壳、下水。这是一种什么样的精神啊！

　　我们的船进入了芦苇荡边缘，突然发现芦苇丛中数十只海鸥鸣声而起，飞入空中，打破了湖面和芦苇荡的寂静。我们为了不

梦幻般的水纹等待着红嘴鸥精彩的一吻。—→

更多地惊扰鸟儿们，特意穿了迷彩服，而且我们是小心翼翼靠近它们的。鸥怎么还会突然起飞呢？原来在我们之前，有几个鸬鹚飞临芦苇荡上空，无意间侵犯了海鸥的领地。海鸥不能容忍异类侵入，于是个个义愤填膺群起而攻之。鸬鹚招架不住，从空中降下贴着水面飞，海鸥追至水面，仍然不依不饶。鸬鹚只好拿出看家本领，索性连头带身钻进水中，借幽幽深水逃之夭夭了。让人看得惊心动魄。我们还没有回过神来，我们的上方已聚集了上百只鸥盘旋着。黑压压的一片，把太阳光都遮住了。鸣叫声非常刺耳，看来，鸥又把我们当作入侵之敌了。鸥越飞越低，就在我们的头上翻飞，声音越叫越疾，一声连一声，撕心裂肺。鸥一点都不害怕，一个接一个地向我们头上俯冲，我们不得不甩动衣服来驱赶它们。鸥及时改变了战术，采取声东击西的办法攻击我们。一部分鸥在我们的左边不停地发声鸣叫，以吸引我们的注意力，而另一部分鸥在我们的右边俯冲偷袭。吓得我们抱头缩进舱内。这时所有的鸥重新聚集盘旋在我们的上空，叫得更响亮、更激烈了。同时，它们将自己的粪便像雨点似的向我们撒落下来，打在我们的身上。在如此的轮番攻击下，我们赶紧离开了这个"危险区"。虽然此时，鸥离我们很近，我们也用相机仰拍了鸥的不少精彩动作，但也

蓝色咏叹调，完美诗画卷。

让我们受了不小的惊吓、吃了不少苦头。那粪便撒在头上、身上，尤其是脸上是非常不好受的。即便我们已远离了鸥的势力范围，但我们的船后仍有几只紧追不放的鸥，让我们惊魂难定。

我们已经远离了那片芦苇荡。此时的鸥，轻盈欢快地在芦苇荡的上方盘旋着、欢叫着，上上下下，高高低低，仿佛一个巨大的方阵，在不停地变着队形阵势，豪迈而充满激情——鸥在欢庆它们的胜利，它们用行动捍卫了自己的国度。

鸥，是人类的朋友。鸥，为捕食水中的动物，尤其是鱼类，常常尾随船后，逐浪击水，捕捉从水中跃起的鱼儿，或废弃的食物。船在碧波上行驶，鸥在两边护航，极具诗情画意。尤其是渔船停靠岸边或码头，浅水处会集聚众多的水中小动物，尤其是鱼。活蹦乱跳的，静而不动的，半死不活的……应有尽有，真是一个绝美的鸟类捕猎取食市场。这时鸥一个唤一个，成群结队地俯冲水面，用嘴叼起鱼就飞走了。速度之快，动作之美，捕捉之准，让你看得目瞪口呆。远远望去，好似片片洁白的花瓣撒入水中，犹如众多仙女下凡，搅动水中浪花一片，涟漪不断。给人一种如痴如醉的感觉。这时，按下照相机快门，采用连拍可拍下多少精美的瞬间啊。

发现猎物从空中一头扎进水里。

绒毛犹在的小海鸥，游荡在碧波之中。

若有异情，会立即游进芦苇丛中。

　　晨光中的棕头鸥和小黄脚鹬在一起。棕头鸥，全长约48厘米，夏羽与红嘴鸥非常相似，但体形略大，嘴较粗，头部的棕褐色范围也更大一些。主要以鱼类等为食。繁殖期为每年4月~6月，每窝产卵3枚~6枚，孵化期25天左右。

海鸥搅碎满塘绿，芦苇托起一湖白。红嘴鸥。鸥形目鸥科。因叫声似笑声，故又名"笑鸥"。体长40厘米，成鸟头和颈为褐色，背部及两翅为灰色，下体白色。嘴、脚和趾蹼赤红色。喜结群在河流、湖沼捕鱼捉虾。

渔鸥。属鸥形目鸥科。全长约68厘米，头和前额为黑色，肩、背、腰、翅上覆羽为灰色，其余为白色。嘴、脚为黄色。以食鱼虾类为主。在新疆分布较广，多在湖泊湿地活动。

瞬间造型的定格，如同杂技般优美。

岸边的渔鸥，一边休息，一边享受着春风的抚摩。

红嘴巨鸥。鸥形目鸥科。全长约50厘米，为体形较大的燕鸥鸟。嘴红粗大，顶冠夏季黑色，冬季白并具纵纹。喜沿湖泊、河口近岸边活动。迁徙季节偶尔在新疆各水域停留。

为了食物，你争我夺，演绎出多少惊心动魄的故事。

海鸥捕鱼动作非常凶猛，往往能从水中捕起比自己头嘴还长的大鱼。即便大鱼再蹦跳、再挣扎，溅起一片水花，也很难从海鸥的嘴中逃脱。

渔鸥和棕头鸥等鸟类在水中捕食鱼虾等。或者从空中扑下，或将头深深扎入水中，或紧随身后争抢食物。你欢我叫，一声高过一声，响成一片。场景气氛非常热闹壮观。

虽然背向而飞，但长而大的翅膀以及划拨水面的双脚，依然显示出勇猛的气势。

逼近水面。

入水猎鱼。

海鸥类鸟类是借助动力学滑翔的鸟类，具体讲，就是风在贴近海（湖）面时会被转化为上升的气流。迎风飞翔的海鸥等鸟就在这样的气流中上升。它们斜插入下风口，以螺旋式的飞行赢得滑翔高度。

鱼出水。

获鱼飞走。

渔船返回码头后，海鸥尾随其后捕食鱼类。即便有人走动，海鸥也不惧怕。

银鸥，鸥形目鸥科。又叫黄腿鸥和“叼鱼郎”等。全长约60厘米。夏羽头、颈和下体纯白色，背与翼上银灰色。腰、尾上覆羽纯白色，初级飞羽末端黑褐色，有白色斑点。嘴黄色。冬羽头、颈具褐色细纵纹，喜群居。银鸥是船舶靠岸的“活指示”。在近海附近，发现银鸥，说明距岸边已经不远了。银鸥的繁殖期是每年4月~8月，每年产卵2枚~3枚。雌雄轮流孵卵，孵化期为24天~28天。以动物性食物为主，其中以吃水里的鱼、虾、海星和陆地上的蝗虫、螽斯及鼠类等为主，亦拣吃水中死鱼或残留物。为灭害益鸟。

养鱼人每年秋季都要对鱼塘排水清淤。随着水位的不断降低，未被网尽的鱼类，便会显露在水面，活蹦乱跳，白花花一片。往往这时，海鸥便会成群结队，在空中盘旋，紧接着如同下饺子般落入水面，将鱼儿吃得一干二净。然后，欢叫着扬长而去。如果此时拍照，海鸥的千姿百态均会进入你的镜头之中。

银鸥、渔鸥、红嘴鸥，鸥鸥尽显丰姿。你唱、我唱、大家唱，唱出一片和谐。

这是海鸥从空中俯冲水面，将头扎入水中，捕捉鱼类的一套完整而精准的动作。

鸬鹚水中游，海鸥天上飞。同在水国里，都是好朋友。

海鸥波中荡，鸬鹚头顶旋。共在蓝天下，均为亲兄弟。

只要有鱼吃，哪怕污水淤泥，也挡不住海鸥的翅膀。

海鸥起飞，如繁星点点，雪花飘飘，灿烂一片。→

　　海鸥好不容易捕到一条大鱼，仔细一看，原来是腐臭的干鱼，只好遗憾地将其扔掉，又继续寻捕新食物去了。

　　被捉起的鱼，由于力量很大，最终还是从海鸥的中逃脱了。鱼儿害怕被再捉，赶紧游向深水之中。

白额燕鸥

　　属鸥形目鸥科。体长约30厘米。翅较长，窄而尖。尾呈浅叉状。全身灰白色。头顶、颈背及过眼线为黑色，前额为白色。嘴、腿多为红色。

　　常栖息于湖泊、水塘、沼泽地带，成小群活动。喜欢聚在露出水面的高地。叫声不断，飞行迅速有力，常从高处俯冲水面捕食，以食小鱼、甲壳类、昆虫等为主。常在河岸边的草丛中或水域附近的沙地上筑巢。每窝产卵2枚~5枚，雌雄亲鸟轮流孵卵，雏鸟25天左右出壳。燕鸥是一种非常勇敢和具有崇高母爱的鸟类，对属于自己的势力范围看得很紧，对入侵者即使是非常强大的敌人，比如恶狗和老鹰等也会总是毫不留情地予以攻击，直至敌人逃去。燕鸥还是一种极有责任感的祥鸟，不仅对卵格外呵护，对出壳的幼鸟也是照顾有加。遇到危险时，会以性命相救。

白额燕鸥妈妈和小宝宝生活在水草肥美的世界里。有一天它们突然发现自己的家巢即将被大水淹没，小宝宝处在危机当中。燕鸥妈妈一边呵护小宝宝一边不停地叼草垫窝。

　　水越来越大，家巢眼看难保，燕鸥妈妈当机立断，决定去寻找新的家巢。小宝宝看着妈妈飞去的身影，喃喃地说："放心吧妈妈，我会坚持住的。"

　　燕鸥妈妈寻找了一阵后，落在了这片荷花叶上。四周芦苇环绕，比较隐蔽，它决定将这片荷花叶作为临时家巢。

燕鸥妈妈一边将荷花叶连接在一起以加固"新巢"，一边在观察小宝宝"进巢"的地方。

燕鸥妈妈捉来小鱼儿饲喂小宝宝，以便宝宝有足够的力气跟随燕鸥妈妈去新的家巢

在燕鸥妈妈的鼓励下，小宝宝第一次离开家巢，
勇敢地下水远游。

小宝宝在燕鸥妈妈的呼唤指引下，不怕水凉不惧水深，奋勇地向新家游去。

历尽千辛万苦，小宝宝在燕鸥妈妈的帮助下终于来到了新家巢，但小宝宝已累得精疲力尽了，燕鸥妈妈对小宝宝的勇敢感到欣慰，情不自禁地唱起山歌来。

小宝宝和燕鸥妈妈欢快地在一起。

小宝宝伸翅玩耍，燕鸥妈妈陶醉了。

气的小宝宝钻在燕鸥妈妈的肚子下面。

小宝宝缠着燕鸥妈妈讲故事。

荷花叶出现渗水现象，新巢又面临危机。燕鸥妈妈又去想办法了。

小宝宝翘足远望，企盼双亲归来。

燕鸥妈妈和燕鸥爸爸飞回来了，用衔来的叶片填补荷叶渗水的地方。

燕鸥爸爸在巢中守候着小宝宝，燕鸥妈妈来回不停地衔草救巢。

危机过去，又开始了新的生活。

第三章
五彩艺术

在大自然五颜六色的映照下，在千姿百态景物的衬托下，仍然可以看到、感受到所拍摄物——鸟类的内在气质以及鸟与自然融为一体所展现、流淌出的精美画面和艺术神韵。无论是蓝、黑剪影，黑白轮廓，还是金红造型，都是如此，给人以新颖、独到、温馨的艺术美感和精神享受。

　　逆光和顺光拍摄一样，只要把握准确，遵循美学法则，一样能拍出与顺光效果一样的好作品，甚至是顺光难以企及的艺术精品来。

　　虽然逆光状态下，所拍摄的物体——鸟类，缺乏甚至没有质感细节，只是一个剪影或一个轮廓，有时还是模糊的，但在大自然五颜六色的映照下，在千姿百态景物的衬托下，仍然可以看到、感受到所拍摄物——鸟类的内在气质以及鸟与自然融为一体所展现、所流淌出的精美画面和艺术神韵。无论是蓝、黑剪影，黑白轮廓还是金红造型，都是如此，给人以新颖、独到、温馨的艺术美感和精神享受。

　　毫无疑问，这是从另一个角度对鸟类丰富多彩生活的一种展示；是顺光与逆光拍摄优势互补，对鸟类的一种全面、整体的艺术呈现。

蓝色的背景，白色的云彩，黑色的影调，显现出一种独特的艺术之美。

即便是多彩
世界的今天
黑白艺术仍然
有着它耀眼夺
目的风采和永
恒的生命力。

金红色彩，
尤其以此形成的
艺术，是一种热
情、喜庆、丰收
和辉煌的象征。

主要参考文献

郑光美，张词祖著. 中国野鸟. 北京：中国林业出版社，2002年.

[英]科林·哈里森，艾伦·格林史密斯著，丁长青译. 鸟. 北京：中国友谊出版公司，2003年.

马鸣，张新泰主编. 新疆野鸟观赏与研究. 乌鲁木齐：新疆青少年出版社，2006年.

李都等主编. 中国新疆野生动物. 乌鲁木齐：新疆青少年出版社，2000年.

袁国映著. 西部野生动物探秘. 乌鲁木齐：新疆美术摄影出版社，新疆电子音像出版社，2007年.

孔丘编订，陈戌国解说. 诗经. 长沙：岳麓书社，2006年.

徐育民，李勤印主编. 历代咏鸟兽虫鱼诗词选. 北京：学苑出版社，2005年.

梅庆吉编著. 唐诗动物园. 大连：大连出版社，2009年.

郭耕编著. 鸟语唐诗300首. 北京：同心出版社，2006年.

（清）蘅塘退士编选. 唐诗三百首. 乌鲁木齐：新疆青少年出版社，2006年.

图书在版编目（CIP）数据

野生天鹅天堂. / 张新泰著. 一乌鲁木齐：新疆美术
摄影出版社. 新疆电子音像出版社. 2009.9
（新疆生态文明画丛）
ISBN 978-7-5469-0189-3
Ⅰ.①野… Ⅱ.①张… Ⅲ.①野生动物—新疆—画册
Ⅳ.①Q958.524.5-64
中国版本图书馆CIP数据核字（2009）第153368号

新疆生态文明画丛

主　　编	新疆生态文明画丛编辑委员会
学术指导	袁国映
摄影指导	李学亮
书籍创意	张新泰

野生天鹅天堂

本书摄影	张新泰	出　　版	新疆美术摄影出版社
责任编辑	于文胜		新疆电子音像出版社
	孟朝东	地　　址	新疆乌鲁木齐西虹西路36号
	李瑞芳	发　　行	全国新华书店
书籍设计	曲渊	制　　版	乌鲁木齐长江印务有限公司
美术编辑	曲渊	印　　刷	深圳市金豪毅彩色印刷有限公司
技术编辑	李瑞芳	开　　本	889mm×1194mm　16开
		印　　张	21.75
		版　　次	2009年9月第1版
		印　　次	2010年3月第2次印刷
		书　　号	ISBN 978-7-5469-0189-3
		定　　价	298.00元

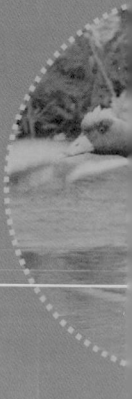